Die Besiedlungsstruktur von Teheran. Eine Stadt im stetigen Wandel

Johann Boemer

Bibliografische Information der Deutschen Nationalbibliothek:

Die Deutsche Nationalbibliothek verzeichnet diese Publikation in der
Deutschen Nationalbibliografie; detaillierte bibliografische Daten sind
im Internet über http://dnb.d-nb.de abrufbar.

ISBN: 9783346785961
Dieses Buch ist auch als E-Book erhältlich.

© GRIN Publishing GmbH
Nymphenburger Straße 86
80636 München

Alle Rechte vorbehalten

Druck und Bindung: Books on Demand GmbH, Norderstedt Germany
Gedruckt auf säurefreiem Papier aus verantwortungsvollen Quellen

Das vorliegende Werk wurde sorgfältig erarbeitet. Dennoch
übernehmen Autoren und Verlag für die Richtigkeit von Angaben,
Hinweisen, Links und Ratschlägen sowie eventuelle Druckfehler keine
Haftung.

Das Buch bei GRIN: https://www.grin.com/document/1309746

Georg-August-Universität Göttingen

Fakultät für Philosophie

B.Ira.111: Landeskunde Iran und persischsprachige Regionen

Wintersemester 2021/2022

Teheran

Eine Stadt im stetigen Wandel

Johann Boemer

Inhaltsverzeichnis

Abbildungsverzeichnis

Anmerkung der Redaktion: Aus urheberrechtlichen Gründen sind einige Abbildung nicht in der Publikation enthalten. Diese können jedoch anhand der Quellenangaben recherchiert werden.

1. Einleitung

Teheran – die Hauptstadt des Iran. Eine der größten Städte der Welt. Eine Stadt, die scheinbar nicht zu wachsen aufhört. Eine Stadt der Träume und der Tränen. Eine Stadt der Sehnsüchte und der Ängste. Eine Stadt mit ungewisser Zukunft.

In der folgenden Hausarbeit wird nach einem Überblick über die grundlegenden Eigenschaften Teherans insbesondere auf die Besiedlungsstruktur im Wandel der Zeit eingegangen. Dabei werden sowohl geschichtliche als auch aktuellere Veränderungen im Fokus stehen, die sich auf die gesamte Stadt, das Zentrum und die innerstädtische Struktur beziehen werden. Anhand von Karten und Diagrammen sollen dabei die jeweiligen Entwicklungen veranschaulicht werden, um die dynamisch fortlaufenden Veränderungen Teherans sowohl im kleineren als auch im größeren Maßstab nachvollziehen zu können. Anschließend werden aus den aus dem Kartenmaterial hervorgegangenen Informationen mögliche Problem- und Konfliktpunkte angesprochen, die sich vor allem auf das rasante Bevölkerungswachstum Teherans beziehen werden. Anhand der eingebrachten Informationen und dargestellten Probleme und Herausforderungen, die damit einhergehen, soll abschließend die Forschungsfrage geklärt werden, ob das Bevölkerungswachstum tatsächlich wie erwartet so negative Auswirkungen auf die Stadt Teheran und sein Umland haben wird.

2. Die Stadt Teheran

2.1 Namensherkunft

Die Bedeutung und Herkunft des Namens „Teheran" ist nicht vollständig geklärt. Wahrscheinlich setzt sich das Wort „Teheran" jedoch aus den beiden altpersischen Wörtern „teh" und „ran" zusammen, welche so viel bedeuten wie „warmer Ort". Passend zu diesem Erklärungsansatz gibt es nördlich von Teheran die Stadt „Shemiran", die in einer kühleren Region liegt und deren Name „kühler Ort" bedeutet (vgl. BECK 1982). Einer anderen Theorie zufolge könnte der Name „Teheran" auch von „Tah-Ran" hergeleitet worden sein, was übersetzt „Untergrund" bedeutet. Damit könnte auf die unterirdischen Behausungen der ersten schriftlich erwähnten Bewohner der Region angespielt werden (vgl. OHADI 2000: 21).

2.2 Geographie Teherans

Teheran liegt in der gleichnamigen Provinz im Norden des Iran. Im Norden schmiegt sich die Stadt an die Hänge des Elburs-Gebirges. Im Süden hingegen wird Teheran durch die Wüste Dascht-e Kavir begrenzt (vgl. KERBER 2010: 122). Einhergehend mit seiner exponierten Lage auf zwischen 1100 Metern über NHN (Normalhöhennull) und 1700 Metern über NHN, weist Teheran auch innerhalb des Stadtgebietes eine beachtliche Höhendifferenz vor. Mit Wasser wird Teheran über die beiden Flüsse Karadj und Djadjrud versorgt, an denen Staudämme errichtet wurden und auch die vielen offenen Kanäle, „djub" genannt, mit Wasser füllen (vgl. RASHAD 2008: 99). Klimatisch gesehen herrscht in Teheran trockenes Kontinentalklima mit heißen Sommern und kühlen Wintern. Die Durchschnittstemperaturen liegen dabei im Juli bei ca. 30 °C und im Januar bei ca. 2 °C (vgl. WORLD METEOROLOGIGAL ORGANIZATION 2021).

Laut des Zensus von 2016 leben im Stadtgebiet Teherans rund 8,5 Millionen Menschen. Die Zahl, der sich tatsächlich in Teheran befindenden Menschen, schwankt jedoch stark zwischen Tag und Nacht, da sehr viele Menschen tagsüber in Teheran arbeiten und nachts zuhause im Umland Teherans sind. Somit ist die Zahl der Menschen, die in der gesamten Metropolregion leben, möglicherweise aussagekräftiger, wobei sich die Schätzungen auf bis zu 20 Millionen Einwohner belaufen (vgl. CITYPOPULATION.DE 2021). Die Einwohnerzahl Teherans war jedoch nicht schon immer so hoch, sondern entwickelte sich erst im Laufe der Zeit. Im Jahr 1800, damals noch während der Qadjaren-Dynastie, hatte Teheran noch 15 000 Einwohner, was einer Kleinstadt entspricht (vgl. EHLERS 1980: 483). Mitte des 19.

Jahrhunderts wuchs die Zahl bereits auf 120 000 und rund hundert Jahre später, Mitte des 20. Jahrhunderts, lag die Zahl bereits bei 1,5 Millionen Einwohnern. Ab den 70er-Jahren stieg die Zahl dann, unter anderem durch Zuzüge aus den westiranischen Provinzen durch den irakisch-iranischen Krieg, weiter an (vgl. RASHAD 2008: 99).

2.3 Bedeutung Teherans für den Iran

Als Metropole und Hauptstadt des Iran ist Teheran gekennzeichnet durch verschiedene Funktionen, die eine sehr zentralisierende Wirkung auf die gesamte Nation ausüben und fast alle Teile des Landes direkt oder indirekt von sich abhängig macht. Zu nennen ist hierbei, dass Teheran sowohl der Verwaltungs- und Regierungsmittelpunkt als auch das internationale Banken-, Versicherungs- und Konzernzentrum des Iran ist (vgl. EHLERS 1980: 483). Zudem stellt Teheran das Handelszentrum des Iran dar und fungiert als größter Industriestandort, an dem über 65 % aller Industriegüter produziert werden, wobei die Textil-, Lebensmittel- und Zementindustrie im Vordergrund stehen (vgl. ZEIT ONLINE 2007). Diese Funktionen und Eigenschaften machen Teheran zur modernen Variante der ehemaligen Hauptstädte des Iran, Isfahan und Shiraz, die ebenso Politik, Wirtschaft und Kultur auf sich ausrichteten und damit sehr zentrierend wirkten.

2.4 Verkehr

Auf internationaler Ebene ist Teheran vor allem durch die beiden großen Flughäfen „Imam Khomeini International Airport" und „Mehrabad International Airport" sehr gut angebunden, die auch jeweils beide aus der Stadt heraus mit der U-Bahn zu erreichen sind. Außerdem verkehrt sowohl ein Linienbus als auch ein Zug regelmäßig zwischen Teheran und der türkischen Hauptstadt Istanbul. Innerhalb des Iran ist Teheran durch Busse und Züge hervorragend an alle anderen großen Städte angebunden. Innerhalb Teherans gibt es seit dem Jahr 2000 ein Metronetz, bestehend aus S- und U-Bahnen, die im Tagesdurchschnitt von einer Million Passagieren benutzt wird. Dies macht jedoch nur rund zehn Prozent des täglichen Verkehrsaufkommens aus, weshalb die öffentlichen Hauptverkehrsmittel innerhalb der Stadt weiterhin Busse und Taxis sind (vgl. KERBER 2010: 122 ff.). Die Zahlen werden dabei auf etwa 5000 Busse, sowie 30 000 Taxis geschätzt (vgl. GHARIB 2003: 26 ff.).

2.5 Geschichte

Die erste inschriftliche Erwähnung Teherans kommt aus dem Jahr 942 n. Chr., in welcher eine Ansiedlung mit Obstgärten und klarem Wasser beschrieben wird. Die Bewohner dieser Ansiedlung wurden dabei als räuberische Rebellen beschrieben, die in unterirdischen

Behausungen lebten (vgl. RASHAD 2008: 99). Als im Jahr 1220 die südlich von dieser Ansiedlung liegende und damals sehr bedeutende Stadt Ray von den Mongolen überfallen wurde, fanden die Bewohner Rays jedoch Zuflucht in den Gängen und Höhlen Teherans und siedelten sich dort an (vgl. KERBER 2010: 123). Allerdings wuchs Teheran, das bis zu diesem Zeitpunkt noch immer ein Dorf war, erst ab dem 16. Jahrhundert, während der Safawiden-Dynastie zu einer kleinen Stadt heran. Es wurde eine erste Stadtmauer aus Lehmziegeln erbaut und es entstand ein Basar in der Mitte des Ortes, der sich noch heute an derselben Stelle befindet. Dennoch war Teheran zum damaligen Zeitpunkt wirtschaftlich und strategisch zunächst weiterhin unbedeutend (vgl. EHLERS 1980: 483). Während der kurzen Dynastie der Zand-Fürsten im 18. Jahrhundert wurde unter dem in Teheran residierenden Karim Khan Zand die Befestigungsmauer verstärkt, um sich besser gegen die Qadjarenstämme zu schützen. Obwohl es Karim Khan Zand schaffte, den Anführer der Qadjaren zu töten und dessen Sohn als Geisel zu nehmen, verlegte er seinen Regierungssitz aus Sicherheitsgründen zurück nach Shiraz. Nach dem Tod von Karim Khan Zand im Jahr 1789, konnte sich der Sohn des ehemaligen Anführers der Qadjaren, Agha Mohammad Khan, befreien, riss mithilfe seines Gefolges die Herrschaft an sich und machte Teheran zu seiner Residenzstadt (vgl. RASHAD 2008: 100). 1796 krönte sich Agha Mohammad Khan zum Schah, wodurch Teheran zur Hauptstadt des Qadjarenreiches wurde, zu diesem Zeitpunkt allerdings immer noch nur rund 15 000 Einwohner hatte (vgl. SEGER 1978: 9). Anfang des 19. Jahrhunderts wurden unter dem Nachfolger Agha Mohammad Khans erste Paläste, Moscheen und Medressen gebaut (vgl. RASHAD 2008: 100). Erst Mitte des 19. Jahrhunderts wurde die safawidische Stadtmauer eingerissen und durch eine neue Mauer mit 12 Toren ersetzt, welche die fünffache Fläche der vorherigen einfasste. Dieses Projekt wurde unter der Regierung von Nasir al-Din Shah durchgeführt, der sich dadurch erhoffte seine durch Europareisen gewonnenen Ideen zur Stadtplanung umsetzen zu können. Rund 60 Jahre lang war die Größe und Lage der Stadt damit festgelegt. Diese Erweiterung des Stadtgebietes hatte Differenzierungen und verschiedene Entwicklungen innerhalb desselben zur Folge, welche die Stadt nachhaltig prägten (vgl. EHLERS 1980: 485). Erst im Jahr 1934, nach dem Ende der Qadjaren-Dynastie, setzte unter Shah Reza Pahlavi eine neue Phase der städtischen Entwicklung in der Hauptstadt ein. Die qadjarische Stadtmauer wurde eingerissen, Altstadtbauten mussten Neubauten weichen und es entstanden neue Verwaltungsgebäude, Krankenhäuser, die Universität und der Bahnhof. Die Modernisierung Teherans, das damals rund 250 000 Einwohner zählte, zog zudem viele weitere Menschen an (vgl. KERBER 2010: 123). Ab den 1960er-Jahren wurde durch den wachsenden

Autoverkehr damit begonnen, Teheran mit Autobahnen zu versehen, wodurch viele Grünflächen zerstört wurden. Diese wurden gegen Ende des 20. Jahrhunderts jedoch wieder vermehrt neu angelegt, womit Teheran heute mit zu den grünsten Metropolen der Welt zählt (vgl. RASHAD 2008: 102 f.).

3. Siedlungsstruktur Teherans

Teheran hat sich nicht nur im Erscheinungsbild, von der ursprünglichen Ansiedlung mit Obstgärten und klarem Wasser bis hin zur Metropole, verändert, sondern auch in seiner Größe und Lage. Des Weiteren kam es auch innerhalb der Stadt mit der Zeit zu vielfältigen Transformationen und dynamischen Entwicklungen. Dies lässt sich sehr gut anhand von Kartenmaterial und Schaubildern darstellen. Dabei soll der Hauptfokus auf die Zeit ab Mitte des 19. Jahrhunderts gerichtet werden.

3.1 Teheran 1857

Anfang des 19. Jahrhunderts, bereits während der Qadjaren-Dynastie, entstand die erste Karte von Teheran. 1857 wurde dann eine zweite Karte entworfen, die mehr als drei Jahrzehnte Gültigkeit besaß (Abb.1). Diese Karte stellt das Stadtgebiet Teherans noch vor dem Abriss der safawidischen Mauer und der Errichtung der neuen Stadtmauer dar (vgl. KHOSHNOOD 2019: 49 ff.). Deutlich

Aus urheberrechtlichen Gründen ist diese Abbildung nicht in der Publikation enthalten.

Abb. 1: Karte der alten safawidischen Stadt von 1857 mit den fünf Stadtvierteln und sechs Stadttoren

(KHOSHNOOD 2019: 51)

zu erkennen ist, in hellblau gekennzeichnet, die Befestigungsmauer um die Stadt, die 1545 von Shah Tahmaseb Safavi erbaut wurde. Außerdem sind die sechs Stadttore eingezeichnet:

das Dowlat-Tor und das Shemiran-Tor im Norden, das Dulab-Tor im Osten, das Abdolazira-Tor und das Mohammadieh-Tor im Süden und das Qazvin-Tor im Westen. Innerhalb der Stadtmauern sind zudem die damaligen fünf Stadtteile Chalmeydan, Udlajan, Arg, Sangelaj und der Bazar durch die dünnen roten Linien markiert. Die violetten Punkte umranden die Fläche des Bazars und des Golestan-Palastes, wobei auffällt, dass der Golestan-Palast rund 10 % der gesamten Stadtfläche einnimmt. Teheran hatte damals Schätzungen und Berechnungen zufolge eine Fläche von zwischen 4 km² und 5 km² (vgl. OHADI 2000: 22 f.).

3.2 Teheran nach 1874

Aus urheberrechtlichen Gründen ist diese Abbildung nicht in der Publikation enthalten.

Zwischen den Jahren 1869 und 1874 wurde das Stadtgebiet Teherans unter Nasr-Edin Shah auf eine Fläche von 19 km² erweitert (Abb. 2). Dies entspricht einer Vervierfachung, bzw. einer Verfünffachung der vorherigen Fläche innerhalb der safawidischen Befestigungsmauer, die zur Veranschaulichung auch in der vorliegenden Karte eingezeichnet ist. Die neue Mauer wurde in der Form eines gleichseitigen Achtecks angelegt, wobei der Einfluss durch barocke europäische Befestigungsanlagen, deutlich wird. Die Mauer wurde zu einer Zeit

Abb. 2: Teheran nach der Erweiterung 1969-1974   (SEGER 1978: 10)

errichtet, in der gleichzeitig in europäischen Städten diese Art von Stadtmauern beseitigt wurden. Im Falle Teherans sollte die Mauer die Stadt vor schlecht bewaffneten, einheimischen Stämmen geschützt werden. Jedoch sind heute auch von dieser Befestigungsanlage in Teheran keine Spuren mehr vorhanden. Innerhalb der neuen Befestigungsmauer, Ende des 19. Jahrhunderts kam es zu ersten eindeutigen Viertelgliederungen (vgl. SEGER 1978: 11 ff.). So entwickelten sich vor allem im nördlichen Teil der Stadt mit Gärten umgebene Palastanlagen. Aber auch europäische Gesandtschaften ließen sich nahe dem Gebirge im Norden nieder, wo die Temperaturen im Sommer angenehmer sind und das Wasser klarer (vgl. SEGER 2001: 103). Am südlichen Stadtrand hingegen lagen Ziegelgruben, Töpfereien und der Friedhof. Im Süden, wo es im Sommer deutlich heißer wird als weiter im Norden, entwickelten sich die Viertel der ärmeren Bevölkerungsschichten (vgl. SEGER 1978: 11 ff.).

3.3 Größenentwicklung im 20. Jahrhundert

Anfang des 20. Jahrhunderts leitete Reza Shah Pahlavi eine neue Ära für Teheran ein, indem er nach dem Vorbild Kemal Atatürks versuchte, den öffentlichen Dienst zu reformieren und zu modernisieren (vgl. SEGER 1978: 15). Es wurde jedoch nicht nur die sozioökonomische Struktur verändert, sondern auch das Stadtbild wandelte sich ab den 1930er-Jahren drastisch. Die Bebauungsfläche expandierte über die Stadtmauer hinaus, die Straßenführung wurde modernisiert und 1934 wurde die qadjarische, im Oktagon angelegte Befestigungsmauer abgerissen (vgl. EHLERS 1980: 489). Weiterhin wurden die Beziehungen zu westlichen Ländern gefördert, es entstanden erste Fabriken und erste europäische Konsumgüter erreichten Teheran. Aus allen Landesteilen zogen sowohl durch die einsetzende zentralisierende Wirkung Teherans auf den Iran als auch durch die Nachfrage von Arbeitern, Menschen nach Teheran. Mitte der 1930er-Jahre hatte Teheran noch etwa eine halbe Million Einwohner, etwa 20 Jahre später war die Zahl bereits auf eineinhalb Millionen gestiegen. Auch in der zweiten Hälfte des 20. Jahrhunderts nahm das Wachstum Teherans weiterhin nicht ab, sondern führte sich weiter fort, so dass 1976 bereits 4,5 Millionen Menschen (vgl. SEGER 1978: 15 ff.) und 1996 bereits fast 7 Millionen Menschen in Teheran lebten (vgl. CITYPOPULATION.DE 2021). Dieses rasante Bevölkerungswachstum vervielfachte zunächst vor allem die Schicht der Armen in Teheran, die ihre tägliche Arbeitskraft anboten. Doch auch die Oberschicht gewann an Zuwachs, da es einerseits sozial aufwertend, andererseits auch nutzbringend war, in der Nähe der Regierung seine Residenz zu haben (vgl. SEGER 1978: 15). Das immense Bevölkerungswachstum der Stadt ging mit einem Wachstum der Fläche einher, das sich anhand der Karte (Abb.3) veranschaulichen lässt. Diese Karte zeigt das Flächenwachstum Teherans bis 1996 in seinen verschiedenen Wachstumsstufen. Die Größe Teherans bis zum Jahr 1881 ist hellgelb eingefärbt, wohingegen die folgenden Wachstumsphasen im 20. Jahrhundert in farbiger Abstufung markiert sind. Außerdem fallen die beinahe geometrisch angeordneten Straßen innerhalb der Stadt auf, die als gelbe Linien zu erkennen sind. Die letzte in dieser Karte markierte Wachstumsphase ist mit einer dunkelgrünen Signatur versehen, wobei anzumerken ist, dass seit 1996 weitere 25 Jahre vergangen sind, in denen das Flächenwachstum Teherans nicht abgeebbt ist. Die Transformation Teherans von der Stadt zur Metropole im 20. Jahrhundert lässt sich auch anhand der Abbildung 4 erkennen, in welcher die Wachstumsphasen zum besseren Vergleich nebeneinander dargestellt werden. Was in dieser Darstellung deutlich zum Vorschein kommt, ist die Ausdehnung Teherans in Richtung Norden, wo die für das Wohnen attraktiveren Gebiete liegen. Im Vergleich zu 1857, als Teheran noch eine Fläche von vier bis fünf Quadratkilometer hatte, hat Teheran heute eine Fläche von mehr als 730 km², was der 150- bis 200-fachen Größe entspricht (vgl. KHOSHNOOD 2019: 50).

Aus urheberrechtlichen Gründen ist diese Abbildung nicht in der Publikation enthalten.

Abb. 3: Die Veränderung der Stadtfläche Teherans   (KHOSHNOOD 2019: 50)

Abb. 4: Transformation Teherans der Jahre   (SHAMSKOOSHKI 2020: 115)
1921, 1956, 1976 und 1996

3.4 Die Verlagerung des Zentrums

Richtet man den Fokus ausschließlich auf die Entwicklung des innersten Zentrums von Teheran, können in der Zeit ab Mitte des 19. Jahrhunderts ebenso Veränderungen, die nicht nur die äußere Ausgestaltung betreffen, erfasst werden. Diese phasenweise und in dynamischen Prozessen entstandenen Modifizierungen können durch ein weiteres Schaubild näher beschrieben werden (Abb. 5). Dabei soll das mit der Nummer 1 gekennzeichnete Feld die qadjarische Altstadt (siehe Abb.1) mit der Geschäftsstraße und dem Basar innerhalb der Stadtmauer beschreiben. Feld Nummer 2 markiert das erste westliche Zentrum, welches sich Anfang der 1930er-Jahre unter Reza Shah Pahlavi nördlich der qadjarischen Altstadt entwickelt hat (vgl. SEGER 2001: 101). Die drei trapezförmig angeordneten Linien in der Mitte des Feldes sollen dabei die

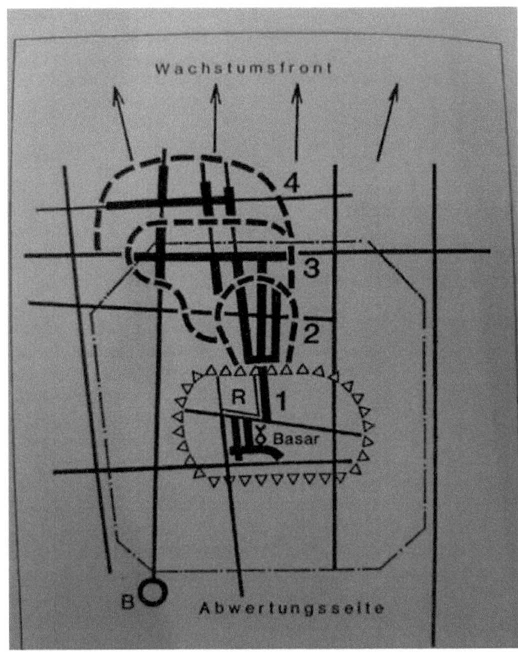

1. qadjarische Geschäftsstraße, 2. erstes westliches Zentrum, 3. City der fünfziger Jahre, 4. Cityausweitung um 1970

Abb. 5: Periodische Verlagerung des Stadtkerns   (SEGER 2001: 102)

Hauptgeschäftsstraßen der damaligen Phase bis in die 1960er-Jahre hinein darstellen. Die sogenannte „City der 1950er-Jahre", Feld Nummer 3, ist als erneute Erweiterung des Zentrums nach Norden anzusehen (vgl. SEGER 1978: 52 f.). Die geradlinig angeordneten Straßenzüge weisen auf den Einfluss europäischer Straßenbauingenieure hin, wobei es beim Bau der Straßen teilweise zum Durchbruch alter Bausubstanz kam. Die in gerader Richtung verlaufenden Straßenzüge sollten dabei als Verlängerung in das zur urbanen Transformation heranstehende Stadtumland fungieren. Zu einer weiteren Ausdehnung des westlichen Stadtkerns kam es dann in den 1970er-Jahren, in der Abbildung mit der Zahl 4 versehen.

Was sehr deutlich wird, ist, dass sich das Stadtzentrum, ebenso wie die Gesamtfläche Teherans, im 20. Jahrhundert immer weiter nach Norden ausgedehnt hat (vgl. SEGER 2001: 101).

3.5 Das Modell der zweipoligen orientalischen Stadt

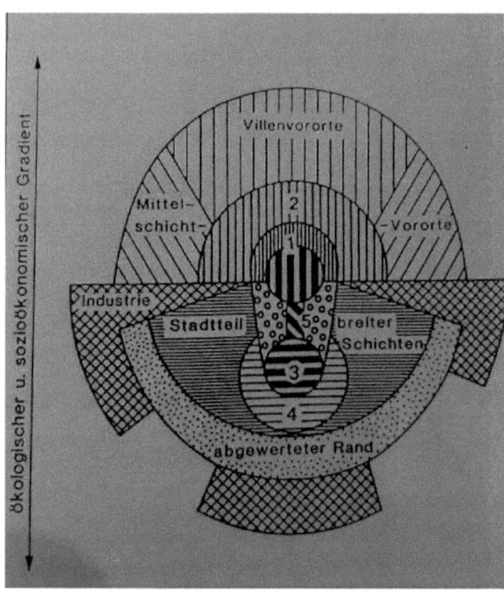

1. westliches Stadtzentrum,
2. Appartementhausbebauung, 3. Basar,
4. Altstadt, 5. Ältere Geschäftsstraßen und überrollter vormaliger Villenbereich

Abb. 6: Teheran um 1970: Stadtstrukturmodell der zweipoligen orientalischen Stadt   (SEGER 2001: 107)

In der Geographie werden sogenannte Stadtstrukturmodelle genutzt, um den Aufbau verschiedener Stadttypen modellhaft zu beschreiben. Neben dem europäischen oder lateinamerikanischen Stadtstrukturmodell gibt es auch das Stadtstrukturmodell der zweipoligen orientalischen Stadt (Abb.6). Dieses ist für die Arbeit besonders interessant, da es am Beispiel Teherans entworfen wurde und sich damit mit der tatsächlichen Stadtstruktur Teherans deckt. Betrachtet man im vorliegenden Modell das Zentrum, so fällt auf, dass es zu einem Zusammentreffen unterschiedlichen Stadt- und Häuserbaus kommt (vgl. SEGER 2001: 107 f.). Mit der Schaffung neuer Standortwerte durch die Stadterweiterung in Richtung Norden, wurden ältere Stadtelemente abgewertet. Damit stehen die westlich geprägten Bildungs- und Lebensformen den traditionellen Verhaltensweisen gegenüber (vgl. EHLERS 1980: 493). Das zweipolige Stadtzentrum hatte in Teheran zur Folge, dass auch die Gesellschaft kulturell geteilt wurde. Der Gradient der Standortbewertung am linken Bildrand, dargestellt als Pfeil, bezieht sich vor allem auf die Wohnqualität innerhalb der Stadt. Im Falle Teherans ist deutlich zu erkennen, dass sich die Unterteilung des Zentrums auch außerhalb fortsetzt. Während sich im Norden die Viertel der Ober- und Mittelschicht befinden, sind im Süden Industrieviertel entstanden und es entwickelten sich Viertel der Unterschicht, sowie Marginalviertel (vgl. SEGER 2001: 107 f.). Die sozioökonomischen Unterschiede der

Bevölkerung im nördlichen Teil Teherans im Vergleich zur Bevölkerung im Süden der Stadt äußern sich vor allem im Zugang zu Bildung, in der Art der Arbeit, sowie in der Versorgung mit Elektrizität und Wasser (vgl. EHLERS 1980: 495).

Da das Modell der zweipoligen orientalischen Stadt jedoch im Jahr 1975 veröffentlicht wurde, hat es heutzutage nicht mehr dieselbe Gültigkeit. Vor allem im Zuge der Islamischen Revolution 1978-1979 wurden einige stadtstrukturelle Veränderungen herbeigeführt: viele vorrevolutionäre Eliten sind abgewandert, die Mittelstandsvororte weiten sich in alle Richtungen des Ballungsraumes aus. „Gated communities" entstanden im Teheraner Norden und der Teheraner Süden wurde durch Investitionsprojekte des sozialen Wohnungsbaus aufgewertet (vgl. EHLERS, MOMENI 2002: 308). Der Nordwärtstrend der gehobenen Stadtentwicklung hat sich jedoch ebenso wie die ökonomische Segregation der Bevölkerung fortgesetzt (vgl. SEGER 2001: 110). Teheran hat sich mit der Zeit eher zu einer sogenannten „polyzentrierten Stadt" entwickelt, die sich in viele verschiedene Subzentren aufteilt und aus weniger klar abgrenzbaren, homogenen Stadtviertel besteht (vgl. EHLERS, MOMENI 2002: 308).

4. Die Probleme der Expansion Teherans

Sowohl das Wachstum Teherans im 20. Jahrhundert als auch die rezente Expansion brachten, bzw. bringen einige Probleme und Herausforderungen mit sich. In der zweiten Hälfte des letzten Jahrhunderts ging mit der rasanten Bevölkerungszunahme ein scheinbar ungebremstes Wachstum der ärmeren Bevölkerungsschichten im Teheraner Süden einher, was zu tiefgreifenden sozioökonomischen Folgen führte. Um diese Tendenzen einzuschränken, haben die Verantwortlichen in Teheran die Stadtgrenzen limitiert. Dies führt jedoch nicht -wie erhofft- zu einem Rückgang der Zuzüge, sondern lediglich zu einer höheren Einwohnerdichte innerhalb der Stadt bei gleichzeitig nicht ausreichender Infrastruktur im Bereich der Mobilität.

Ein großes Problem, das sich tagtäglich in Teheran zeigt, ist der Verkehr. Da Teheran zusätzlich zu den eigenen Einwohnern auch einen großen Agglomerationsraum besitzt, in dem viele Menschen leben, jedoch in Teheran arbeiten, kommt es häufig zu Verkehrsstaus. Ein weiterer Grund, weshalb viele Menschen aus den umliegenden Städten nach Teheran pendeln, ist, dass Einrichtungen des täglichen Bedarfs (z.B. Bildungseinrichtungen, Gesundheitseinrichtungen, Freizeiteinrichtungen, etc.) nicht in ausreichendem Umfang in den Randstädten vorhanden sind und die Menschen daher tagsüber nach Teheran gedrängt werden. Jeden Tag nutzen daher über achteinhalb Millionen Menschen die öffentlichen Verkehrsmittel und über fünf Millionen Menschen private Fortbewegungsmittel in Teheran. Die bestehenden Straßen und die Mobilitätsinfrastruktur können dem Druck kaum standhalten und die Luftqualität leidet stark unter dem Ausstoß von Abgasen und anderen Feinstaubquellen. Die Lebenserwartung sinkt damit nachweislich. Ein weiteres Problem, das mit dem Wachstum Teherans und vor allem mit dem wachsenden Großraum einhergeht, ist, dass hervorragend landwirtschaftlich nutzbare Flächen versiegelt werden und damit einerseits Desertifikation begünstigt wird und andererseits die landwirtschaftliche Produktion bei gleichzeitigem Bevölkerungswachstum zurückgeht. Außerdem gehen mit steigender Bevölkerung auf einer so kleinen Fläche in der Regel und insbesondere in ariden Regionen auch die umliegenden Wasserreserven zurück oder verschwinden sogar ganz. Auch in Teheran ist der Salzgehalt im Süßwasser mit der Zeit immer weiter angestiegen, was auf eine Übernutzung der Ressource Wasser hindeutet. Mit einem Fortschreiten dieser Tendenzen wird in Teheran in den kommenden Jahren und Jahrzehnten die Lebensqualität weiter sinken, was im Speziellen zunächst die Menschen der unteren Bevölkerungsschichten zu spüren bekommen werden (vgl. OHADI 2001: 238 ff.). Laut dem Lebensqualitätsindex, in welchem weltweit 251 Städte miteinander verglichen werden, belegt Teheran bereits heute den letzten Platz (vgl. NUMBEO.COM 2021). Mit einer Auslagerung der Arbeitsplätze aus Teheran hinaus in den Großraum und einer gleichzeitigen Schaffung von ausreichenden Einrichtungen des täglichen Bedarfs könnten viele Wege eingespart werden, wodurch eine Verbesserung der Luftqualität erreicht werden könnte. Zudem könnte durch eine Dezentralisierung Teherans auf nationaler Ebene der Bevölkerungsdruck auf die Hauptstadt reduziert werden. Durch die immensen bürokratischen Hürden, die unzureichende Stadtplanung und eine in dieser Hinsicht inaktive Regierung, stellt sich die Lösung der bestehenden Probleme als sehr schwierig dar, sodass mit einem weiteren Rückgang der Lebensqualität in Teheran gerechnet werden kann (vgl. OHADI 2000: 238 ff.).

5. Fazit

Zunächst wurde ein Überblick über die Stadt Teheran gegeben, um einen besseren Eindruck von der Stadt zu bekommen. Anschließend wurde auf die Besiedlungsstruktur eingegangen. Der Blick wurde zunächst auf die Flächenentwicklung Teherans seit Mitte des 19. Jahrhunderts gerichtet, bevor die Strukturen innerhalb der Stadt im Fokus standen. Diese haben sich im Laufe der Zeit stetig und unter den jeweiligen Dynastien und Regierungen verschieden ausgeprägt. Die Flächenentwicklung Teherans resultierte dabei aus dem Fakt, dass Teheran vor allem im 20. Jahrhundert einen enormen Bevölkerungszuwachs erlebt hat, welcher auch heute noch fortschreitet. Damit gingen und gehen verschiedenste Probleme einher, die im letzten Kapitel dargestellt und reflektiert wurden. Die Hauptprobleme, die sich dabei herauskristallisiert haben, sind stets an die hohen Bevölkerungszahlen geknüpft, wie zum Beispiel die unzureichende Mobilitätsinfrastruktur, wachsende Armut vor allem in den südlichen Bereichen Teherans, eine sinkende Luftqualität mit einhergehend sinkender Lebenserwartung, sowie mehrere ökologische Risiken. Sofern diese Probleme nicht ernst genommen werden sollten und den rezenten Entwicklungen nicht mit wirksamen und zugleich gerechten Maßnahmen Einhalt geboten wird, dann könnte Teheran zu einer Metropole eines menschlichen und ökologischen Desasters werden.

Literaturverzeichnis

BECK, C. H. (1982): Bayerische Akademie der Wissenschaften. Sitzungsberichte. Jahrgang 1982. Heft 5. München.

CITYPOPULATION.DE (2021): Iran: Stadt Teheran. https://www.citypopulation.de/de/iran/tehrancity/ (abgerufen am: 19.11.2021).

EHLERS, E. (1980): Iran. Grundzüge einer geographischen Landeskunde. Wissenschaftliche Buchgesellschaft, Darmstadt).

EHLERS, E., MOMENI, M. (2002): Religion und Stadtentwicklung im Islam – das Beispiel Teheran/Iran. Erdkunde. Band 56.

GHARIB, F. (2003): Der öffentliche Personennahverkehr in Teheran. TU International – Zeitschrift für internationale Absolventen der Technischen Universität Berlin. Nr. 54. TU Berlin. Berlin.

IRANICAONLINE.ORG (2021): Tehran i. A persian city at the foot of the Alborz. https://iranicaonline.org/articles/tehran-i (abgerufen am: 19.11.2021).

KERBER, P. (2010): Iran. Islamischer Staat mit jahrtausendealter Kultur. Trescher Verlag, Berlin.

KHOSHNOOD, S. (2019): Cities, towards missing identities?. Synergy management of sustainable protection and use of cultural urban heritage in the context of global change - the case of Tehran. Tuprints, Darmstadt.

NUMBEO.COM (2021): Aktueller Lebensqualität-Index. https://de.numbeo.com/lebensqualit%C3%A4t/aktuelles-ranking (abgerufen am: 29.11.2021)

OHADI, M. (2000): Teheran: from the aspect of sociology. History, demography, the present, and perspectives of the iranian metropolis. Freie Universität Berlin. Berlin.

RASHAD, M. (2008): Iran. Geschichte, Kultur und lebendige Traditionen – antike Stätten und islamische Kunst in Persien. 5. Auflage. DuMont Reiseverlag, Ostfildern.

SEGER, M. (1978): Teheran. Eine stadtgeographische Studie. Springer-Verlag, Wien, New York.

SEGER, M. (2001): Tehran from Space. –in: Seger, M. (Hrsg.): Beiträge zur Stadtforschung. Beispiele aus der Türkei und Iran. Bursa, Istanbul und Teheran. Klagenfurter Geographische Schriften. Heft 19. Klagenfurt.

SHAMSKOOSHKI, H. (2020): The perception of socio-spatial segregation. The interaction of physical and social urban space. Study case of Tehran neigborhoods. Weimar.

WORLD METEOROLOGIGAL ORGANIZATION (2021): Tehran. https://worldweather.wmo.int/en/city.html?cityId=218 (abgerufen am: 19.11.2021).

ZEIT ONLINE (2007): Lexikon: Iran. https://web.archive.org/web/20071023024329/http://www.zeit.de/lexikon/meyers/eintrag?q=Iran (abgerufen am: 25.11.2021).